Los animales

escrito por Lucy Floyd

SCHOOL PUBLISHERS

¡Visita *The Learning Site!*
www.harcourtschool.com

La mariposa vuela.

El pato también vuela.

El pez nada.

La rana salta.

El mono se columpia.

El caballo corre.

¿Cómo se mueve la serpiente?